ABHANDLUNGEN DER DEUTSCHEN AKADEMIE
DER WISSENSCHAFTEN ZU BERLIN

Klasse für Mathematik, Physik und Technik

Jahrgang 1964 Nr. 5

EINIGE BEMERKUNGEN ZUR DIFFERENTIALGLEICHUNG $X'(t) = P(t)\,X(t)$ FÜR OPERATORFUNKTIONEN

von

DR. HELLMUT BAUMGÄRTEL

AKADEMIE-VERLAG · BERLIN
1964

Vorgelegt von Hrn. SCHRÖDER in der Klassensitzung vom 16. 1. 1964

Zum Druck genehmigt am gleichen Tage, ausgegeben am 30. Juni 1964

Erschienen im Akademie-Verlag GmbH, Berlin W 8, Leipziger Straße 3—4

Lizenznummer: 202 · 100/577/64
Gesamtherstellung: VEB Druckerei „Thomas Müntzer“ Bad Langensalza
Bestellnummer: 2001/64/I/5 · ES 19 B 4 · Preis: DM 3,80

Inhalt

1. Einleitung

Ist $P(t)$ eine Operatorfunktion reellen Arguments abgeschlossener Operatoren eines BANACHschen Raumes, so kann man die Operatordifferentialgleichung

$$X'(t) = P(t)\, X(t)\,, \qquad X(t_0) = I\,, \qquad t \geqq t_0\,, \tag{1}$$

betrachten.

E. HEYN[1]) hat hinreichende Bedingungen angegeben, bei deren Erfülltsein das Problem (1) genau eine Lösung besitzt. Die grundlegende Beweismethode bei HEYN ist die Reduktion von (1) mittels Übergang zu Resolventen auf ein analoges, von einem Parameter λ abhängiges Problem, aber mit der Operatorfunktion

$$P_\lambda(t) = -\lambda\, I + \lambda^2\, R\,(\lambda,\, P(t))$$

anstelle von $P(t)$, d. h. einer Operatorfunktion beschränkter Operatoren, für die die Probleme (1) genau eine Lösung besitzen. Durch den Grenzübergang $\lambda \to \infty$ wird diese Reduktion dann rückgängig gemacht.

Die hinreichenden Bedingungen von HEYN sind verhältnismäßig umfangreich. Außerdem ist das beim Beweis benutzte Verfahren zur Konstruktion der Lösung $X(t)$ wegen des Grenzübergangs $\lambda \to \infty$ für numerische Rechnungen ungünstig.

Es ist deshalb naheliegend, bei speziellen Klassen nichtkonstanter $P(t)$ nach anderen Methoden zu suchen, mittels deren unter übersichtlichen Voraussetzungen die gewünschten Resultate und bequemere Verfahren für numerische Rechnungen abgeleitet werden können.

So ist z. B. für die Quantenmechanik besonders der Fall $P(t) = -\, i\, H(t)$ interessant, wo $H(t)$ eine Operatorfunktion selbstadjungierter Operatoren eines HILBERTschen Raumes $(-\infty < t < \infty)$ ist, und hier wieder der „Störungsfall"

$$H(t) = H_0 + V(t)\,.$$

$V(t)$ soll dabei eine Operatorfunktion beschränkter Operatoren und H_0 unbeschränkt sein.

In diesem Fall ist zur Untersuchung von (1), der SCHRÖDINGER-Gleichung, bereits von R. P. FEYNMAN eine Integralgleichung herangezogen worden[2]), die (allerdings in modifizierter Form)

$$X(t,\, t_0) = U(t - t_0) - i \int_{t_0}^{t} U(t - \tau)\; V(\tau)\; X(\tau,\, t_0)\; d\tau \tag{2}$$

lautet.

Die vorliegenden Ausführungen geben für den Fall der Differentialgleichungen

$$X'(t) = (A + V(t))\; X(t)\,, \qquad Y'(t) = -\; Y(t)\,(A + V(t)) \tag{3}$$

im BANACHschen Raum hinreichende Bedingungen, bei deren Erfülltsein die Integralgleichungsmethode Existenz- und Eindeutigkeitssätze für (3) liefert. Danach wird der Fall betrachtet, daß ein HILBERTscher Raum zugrunde liegt.

[1]) Siehe [1].

[2]) Siehe z. B. [2] S. 54 u. f.

2. Betrachtungen im Banachschen Raum

2.1. *Schwache Voraussetzungen*

2.1.1. $\mathfrak{H}$ sei ein komplexer Banachscher Raum. A sei ein abgeschlossener Operator in $\mathfrak{H}$ mit dichtem Definitionsbereich $\mathfrak{D}_A$. Dann erzeugt A eine starkstetige Gruppe beschränkter Operatoren $U(t)$ auf $(-\infty, \infty)$ genau dann, wenn reelle Zahlen $M > 0$, $\omega \geqq 0$ existieren derart, daß

$$||R(\lambda, A)^n|| \leqq M(|\lambda| - \omega)^{-n}, \qquad |\lambda| > \omega, \qquad \lambda \text{ reell.}$$

Es ist dann $||U(t)|| \leqq M\,e^{\omega|t|}$, und für jedes $x \in \mathfrak{D}_A$ gilt[1])

$$U'(t)\,x = A\,U(t)\,x = U(t)\,A\,x, \qquad -\infty < t < \infty.$$

$U(t)$ ist gleichmäßig stetig (bezüglich der Operatornorm) genau dann, wenn A beschränkt ist.

Wir betrachten im folgenden ausdrücklich einen unbeschränkten Operator A und setzen voraus, daß die notwendigen und hinreichenden Bedingungen für die Existenz einer starkstetigen Gruppe $U(t)$ erfüllt sind.

2.1.2. Wir erwähnen zwei einfache Eigenschaften starkstetiger Operatorfunktionen:

Lemma 1. Sind $A(t)$ und $B(t)$ starkstetige Operatorfunktionen beschränkter Operatoren in t $(t \in [a, b])$, so sind auch $A(t)\,B(t)$ und $B(t)\,A(t)$ starkstetig in t.

Beweis. Es gilt für alle $x \in \mathfrak{H}$

$$||A\,(t+h)\,B\,(t+h)\,x - A(t)\,B(t)\,x|| \leqq ||(A\,(t+h) - A(t))\,B(t)\,x|| + ||A\,(t+h)\,(B\,(t+h) - B(t))\,x||\,.$$

Da $A(t)$ starkstetig ist, so ist für jedes $x \in \mathfrak{H}$ $||A(t)\,x||$ in t stetig, also ist $\sup\limits_{t\in[a,b]} ||A(t)\,x|| < \infty$. Dann ist[2]) auch $\sup\limits_{t\in[a,b]} ||A(t)|| < \infty$, also wird $||A\,(t+h)\,B\,(t+h)\,x - A(t)\,B(t)\,x|| \leqq$ $\leqq ||(A\,(t+h) - A(t))\,B(t)\,x|| + \sup\limits_{t\in[a,b]} ||A(t)|| \cdot ||B\,(t+h)\,x - B(t)\,x||$, woraus sofort die starke Stetigkeit in jedem Punkt $t \in [a, b]$ folgt.

Lemma 2. Ist $A(t)$ starkstetig in jedem Punkt des endlichen Intervalls $[a, b]$, so ist $A(t)$ in $[a, b]$ gleichmäßig in t starkstetig; d. h. für jedes $x \in \mathfrak{H}$ gilt: Zu $\varepsilon > 0$ existiert ein $\delta(x, \varepsilon) > 0$ derart, daß für alle t_1, t_2 $(t_1, t_2 \in [a, b])$ mit $|t_1 - t_2| < \delta(x, \varepsilon)$ gilt $||A(t_1)\,x - A(t_2)\,x|| < \varepsilon$. Der Beweis verläuft ebenso wie z. B. im Fall reeller Funktionen.

2.1.3. $V(t)$ sei eine in $-\infty < t < \infty$ definierte starkstetige Operatorfunktion beschränkter Operatoren. Wir betrachten dann folgende Integralgleichung:

$$X(t, t_0) = U\,(t - t_0) + \int\limits_{t_0}^{t} U\,(t - \tau)\,V(\tau)\,X(\tau, t_0)\,d\tau\,. \tag{4}$$

Für starkstetige Operatorfunktionen $Y(\tau)$ ist $U\,(-\tau)\,V(\tau)\,Y(\tau)$ ebenfalls starkstetig. In diesem Fall ist das Integral als Riemannsches Integral über eine starkstetige Operatorfunktion zu verstehen.[3])

---

[1]) Siehe z. B. [3] S. 628, Corollar 17.
[2]) Siehe z. B. [3] S. 66, Corollar 21.
[3]) Siehe z. B. [4] S. 63, Theorem 3.3.2.

Wir suchen Lösungen $X(t, t_0)$, die für jedes $(t, t_0) \in \Omega \times \Omega$ (Ω sei die Gesamtheit der reellen Zahlen) beschränkte Operatoren und in $\Omega \times \Omega$ starkstetig sind. Es gilt der

Satz 1. Zur Integralgleichung (4) existiert eine in $\Omega \times \Omega$ starkstetige Lösung $X(t, t_0)$. Für die Norm dieser Operatorfunktion gilt die Abschätzung

$$||X(t, t_0)|| \leqq M\, e^{|t-t_0|\,(\omega + M \sup\limits_{\tau \in [t_0, t]} ||V(\tau)||)}$$

Beweis. Wir betrachten die Operatorfunktionen $X_n(t, t_0)$, die folgendermaßen definiert sind:

$$X_0(t, t_0) = U\,(t - t_0)\,,$$

$$X_{n+1}(t, t_0) = U\,(t - t_0) + \int\limits_{t_0}^{t} U\,(t - \tau)\; V(\tau)\; X_n(\tau, dt_0)\,\tau\,, \qquad n = 0, 1, 2, \ldots. \tag{5}$$

Es ist $X_0(t, t_0)$ in $\Omega \times \Omega$ starkstetig. Es ist, falls $X_n(\tau, t_0)$ in $\Omega \times \Omega$ starkstetig, $U\,(t - \tau)\; V(\tau) \times X_n(\tau, t_0)$ in $\Omega \times \Omega \times \Omega$ starkstetig. Dann ist $\int\limits_{t_0}^{t} U\,(t - \tau)\; V(\tau)\; X_n(\tau, t_0)\,d\tau$ in $\Omega \times \Omega$ starkstetig, also $X_{n+1}(t, t_0)$ starkstetig, d. h., für jedes $n = 0, 1, 2, \ldots$ ist $X_n(t, t_0)$ starkstetig.

Wir zeigen jetzt: Die Folge $X_n(t, t_0)$ ist an jeder Stelle (t, t_0) für $n \to \infty$ gleichmäßig (bezüglich der Operatornorm) konvergent. Es ist

$$\begin{aligned} ||X_1(t, t_0) - X_0(t, t_0)|| &\leqq \left| \int\limits_{t_0}^{t} ||U\,(t - \tau)|| \cdot ||V(\tau)|| \cdot ||X_0(\tau, t_0)||\, d\tau \right| \\ &\leqq M^2 \sup_{\tau \in [t_0, t]} ||V(\tau)|| \cdot \left| \int\limits_{t_0}^{t} e^{\omega(|t-\tau| + |\tau - t_0|)} d\tau \right| = M^2 \sup_{\tau \in [t_0, t]} ||V(\tau)\,||\, e^{\omega\,|t-t_0|} \cdot |t - t_0| \end{aligned}$$

und weiter

$$\begin{aligned} ||X_2(t, t_0) - X_1(t, t_0)|| &\leqq \left| \int\limits_{t_0}^{t} ||U(t - \tau)|| \cdot ||V(\tau)|| \cdot ||X_1(\tau, t_0) - X_0(\tau, t_0)||\, d\tau \right| \\ &\leqq M^3 \Big(\sup_{\tau \in [t_0, t]} ||V(\tau)|| \Big)^2 \left| \int\limits_{t_0}^{t} e^{\omega\,(|t-\tau| + |\tau - t_0|)} \cdot |\tau - t_0|\, d\tau \right| \\ &= M^3 \Big(\sup_{\tau \in [t_0, t]} ||V(\tau)|| \Big)^2 e^{\omega\,|t-t_0|} \cdot \frac{|t - t_0|^2}{2!}\,, \end{aligned}$$

und induktiv

$$||X_n(t, t_0) - X_{n-1}(t, t_0)|| \leqq M^{n+1} \Big(\sup_{\tau \in [t_0, t]} ||V(\tau)|| \Big)^n e^{\omega\,|t-t_0|} \cdot \frac{|t - t_0|^n}{n!}\,.$$

Wir setzen $\sup\limits_{\tau \in [t_0, t]} ||V(\tau)|| = K(t, t_0)$. Es wird

$$\begin{aligned} ||X_{n+p}(t, t_0) - X_n(t, t_0)|| &\leqq \sum_{\varrho=1}^{p} ||X_{n+\varrho}(t, t_0) - X_{n+\varrho-1}(t, t_0)|| \\ &\leqq M\, e^{\omega\,|t-t_0|} \sum_{\varrho=1}^{p} M^{n+\varrho}\, K(t, t_0)^{n+\varrho} \cdot \frac{|t - t_0|^{n+\varrho}}{(n + \varrho)!}\,, \end{aligned}$$

und das wird kleiner als ε für $n > N(\varepsilon)$ und beliebiges $p = 1, 2, \ldots$ bei festem (t, t_0). Also ist an jeder Stelle (t, t_0) die Folge $X_n(t, t_0)$ gleichmäßig konvergent. Wir setzen $\lim\limits_{n \to \infty} X_n(t, t_0) = X(t, t_0)$.

Der Grenzoperator ist für jedes (t, t_0) linear und beschränkt. Für seine Norm erhalten wir unmittelbar die Abschätzung

$$\begin{aligned} ||X(t, t_0)|| &\leqq ||X_0(t, t_0)|| + \sum_{\varrho=1}^{\infty} ||X_\varrho(t, t_0) - X_{\varrho-1}(t, t_0)|| \\ &\leqq M\, e^{\omega\,|t-t_0|} + \sum_{\varrho=1}^{\infty} M\, e^{\omega\,|t-t_0|} \cdot M^\varrho \Big(\sup_{\tau \in [t_0, t]} ||V(\tau)|| \Big)^\varrho \cdot \frac{|t - t_0|^\varrho}{\varrho!}\,, \end{aligned}$$

also

$$||X(t, t_0)|| \leqq M\, e^{|t-t_0|\,(\omega + M \sup\limits_{\tau\in[t_0,t]} ||V(\tau)||)}$$

Wir lassen jetzt (t, t_0) in endlichen Bereichen variieren, also z. B. $a \leqq t \leqq b$, $c \leqq t_0 \leqq d$, d. h., (t, t_0) variiere in einem festen Rechteck $\Omega_1 \times \Omega_2$. Dann ist

$$\sup_{(t,t_0)\in\Omega_1\times\Omega_2} K(t, t_0) = \sup_{\tau\in[\min(a,c),\, \max(b,d)]} ||V(\tau)|| = K(a, b, c, d)\,.$$

Für alle $(t, t_0) \in \Omega_1 \times \Omega_2$ gilt

$$\sum_{\varrho=1}^{p} \frac{|t-t_0|^{n+\varrho}}{(n+\varrho)!} M^{n+\varrho} K(t, t_0)^{n+\varrho} < \sum_{\varrho=1}^{p} \frac{|t-t_0|^{n+\varrho}}{(n+\varrho)!} M^{n+\varrho} K(a, b, c, d)^{n+\varrho}$$

$$< \sum_{\varrho=1}^{p} \frac{h^{n+\varrho}}{(n+\varrho)!} M^{n+\varrho} K(a, b, c, d)^{n+\varrho}\,,$$

falls $h = \max\limits_{(t,t_0)\in\Omega_1\times\Omega_2} |t-t_0|$, d. h., die Konvergenz $X_n(t, t_0) \underset{n\to\infty}{\rightrightarrows} X(t, t_0)$ ist außerdem im Rechteck $\Omega_1 \times \Omega_2$ (und damit in festen endlichen Bereichen) gleichmäßig in (t, t_0). Wir können dies auch so ausdrücken: Es gilt nicht nur für jedes (t, t_0): $||X_n(t, t_0) - X(t, t_0)|| \underset{n\to\infty}{\rightrightarrows} 0$, sondern sogar

$$\sup_{(t,t_0)\in\Omega_1\times\Omega_2} ||X_n(t, t_0) - X(t, t_0)|| \underset{n\to\infty}{\rightrightarrows} 0\,.$$

Weiterhin gilt: Der Grenzoperator $X(t, t_0)$ ist starkstetig in $\Omega \times \Omega$.

Der Beweis ergibt sich unmittelbar daraus, daß eine gleichmäßig und gleichmäßig in (t, t_0) (in endlichen Bereichen) konvergente Folge $X_n(t, t_0)$ in (t, t_0) starkstetiger Operatorfunktionen einen starkstetigen Grenzoperator besitzt.

$X(t, t_0)$ erfüllt die Integralgleichung (4).

Wir betrachten (5). Die linke Seite dieser Gleichung konvergiert für $n \to \infty$ gleichmäßig und gleichmäßig in (t, t_0) gegen $X(t, t_0)$. Die rechte Seite konvergiert also auch gleichmäßig und gleichmäßig in (t, t_0). Wir behaupten: Die rechte Seite konvergiert gegen

$$U(t-t_0) + \int_{t_0}^{t} U(t-\tau)\, V(\tau)\, X(\tau, t_0)\, d\tau\,.$$

Dieser Operator existiert, da $X(\tau, t_0)$ starkstetig in $\Omega \times \Omega$ ist. Wir betrachten $\int_{t_0}^{t} U(t-\tau)\, V(\tau)\, X(\tau, t_0)\, d\tau - \int_{t_0}^{t} U(t-\tau)\, V(\tau)\, X_{n-1}(\tau, t_0)\, d\tau = \int_{t_0}^{t} U(t-\tau)\, V(\tau)\, (X(\tau, t_0) - X_{n-1}(\tau, t_0))\, d\tau$. Es wird $\left\|\int_{t_0}^{t} U(t-\tau)\, V(\tau)\, (X(\tau, t_0) - X_{n-1}(\tau, t_0))\, d\tau\right\| \leqq |t-t_0| \cdot \sup\limits_{\tau\in[t_0,t]} ||V(\tau)|| \times \sup\limits_{\tau\in[t_0,t]} ||X(\tau, t_0) - X_{n-1}(\tau, t_0)||$ und dieser Ausdruck konvergiert für $n \to \infty$ wegen der gleichmäßigen Konvergenz in (τ, t_0) gegen Null.

Wir zeigen jetzt, daß $X(t, t_0)$ die einzige (starkstetige) Lösung von (4) ist.

Satz 2. Die Integralgleichung (4) besitzt genau eine starkstetige Lösung.

Beweis. $Y(t, t_0)$ sei eine starkstetige Lösung von (4). Es wird

$$||X_1(t, t_0) - Y(t, t_0)|| \leqq \left|\int_{t_0}^{t} ||U(t-\tau)|| \cdot ||V(\tau)|| \cdot ||X_0(\tau, t_0) - Y(\tau, t_0)||\, d\tau\right|$$

$$\leqq \sup_{\tau\in[t_0,t]} ||X_0(\tau, t_0) - Y(\tau, t_0)|| \cdot \sup_{\tau\in[t_0,t]} ||V(\tau)|| \cdot M\, e^{\omega|t-t_0|} \cdot |t-t_0|$$

und induktiv

$$||X_n(t, t_0) - Y(t, t_0)|| \leqq \sup_{\tau \in [t_0, t]} ||X_0(\tau, t_0) - Y(\tau, t_0)|| \cdot \Big(\sup_{\tau \in [t_0, t]} ||V(\tau)|| \cdot M\, e^{\omega|t-t_0|}\Big)^n \cdot \frac{|t-t_0|^n}{n!}\,.$$

Hieraus folgt aber

$$||X_n(t, t_0) - Y(t, t_0)|| \to 0\,,$$

d. h. $Y(t, t_0) \equiv X(t, t_0)$ für jede starkstetige Lösung $Y(t, t_0)$.

Die Lösung $X(t, t_0)$ der Integralgleichung (4) genügt übrigens der Beziehung $X(t, t) = I$ für alle $t \in \Omega$, wie man sofort aus (4) erkennt.

2.1.4. Wir beschäftigen uns jetzt mit der Frage der Existenz von Ableitungen der Funktion $X(t, t_0)$.

Zuerst erwähnen wir die folgenden beiden Lemmata.

Lemma 1. Ist $f(t, \tau)$ starkstetig in $(t, \tau) \in \Omega_1 \times \Omega_2 (f(t, \tau) \in \mathfrak{H})$ und existiert die Ableitung $f_\tau(t, \tau)$ stark und ist $f_\tau(t, \tau)$ starkstetig in $\Omega_1 \times \Omega_2$, so gilt

$$\sup_{(t,\tau) \in \Omega_1 \times \Omega_2} \left\|\frac{f(t, \tau + h) - f(t, \tau)}{h} - f_\tau(t, \tau)\right\| \xrightarrow[|h| \to 0]{} 0\,,$$

sofern $(t, \tau + h) \in \Omega_1 \times \Omega_2$.

Für den Beweis bemerken wir, daß auf Grund der starken Stetigkeit von $f_\tau(t, \tau)$ das Integral $\int_a^\tau f_\tau(t, \eta)\, d\eta$ stark existiert und

$$f(t, \tau) = f(t, a) + \int_a^\tau f_\tau(t, \eta)\, d\eta$$

gilt. Hieraus folgt aber

$$\left\|\frac{f(t, \tau + h) - f(t, \tau)}{h} - f_\tau(t, \tau)\right\| = \left\|\frac{1}{h}\int_\tau^{\tau+h} (f_\tau(t, \eta) - f_\tau(t, \tau))\, d\eta\right\| \leqq \sup_{\eta \in [\tau, \tau+h]} ||f_\tau(t, \eta) - f_\tau(t, \tau)||$$

und

$$\sup_{\Omega_1 \times \Omega_2} \left\|\frac{f(t, \tau + h) - f(t, \tau)}{h} - f_\tau(t, \tau)\right\| \leqq \sup_{(t,\tau) \in \Omega_1 \times \Omega_2}\ \sup_{\eta \in [\tau, \tau+h]} ||f_\tau(t, \eta) - f_\tau(t, \tau)|| < \varepsilon\,,$$

falls $|h| < \delta(\varepsilon)$, wegen der gleichmäßigen starken Stetigkeit von $f_\tau(t, \tau)$ in $\Omega_1 \times \Omega_2$.

Lemma 2. Besitzt die in $\Omega \times \Omega$ starkstetige Operatorfunktion $B(\tau, t_0)$ für alle $x \in \mathfrak{D}_A$ eine starke Ableitung $B_{t_0}(\tau, t_0)$ nach t_0 in $\Omega \times \Omega$ und ist diese dort starkstetig, so besitzt $\int_{t_0}^t B(\tau, t_0)\, d\tau$ eine starke Ableitung nach t_0, diese ist starkstetig in $\Omega \times \Omega$, und es gilt

$$\frac{\partial}{\partial t_0}\int_{t_0}^t B(\tau, t_0)\, x\, d\tau = -B(t_0, t_0)\, x + \int_{t_0}^t \frac{\partial}{\partial t_0} B(\tau, t_0)\, d\tau\,.$$

Beweis. Es ist

$$\left\|\frac{1}{h}\int_{t_0}^{t_0+h} B(\tau, t_0 + h)\, x\, d\tau - B(t_0, t_0)\, x\right\|$$

$$= \left\|\frac{1}{h}\int_{t_0}^{t_0+h} (B(\tau, t_0 + h) - B(t_0, t_0))\, x\, d\tau\right\| \leqq \sup_{\tau \in [t_0, t_0+h]} ||(B(\tau, t_0 + h) - B(t_0, t_0))\, x|| \xrightarrow[|h| \to 0]{} 0\,,$$

und

$$\left\| \int_{t_0}^{t} \left(\frac{B(\tau, t_0 + h) - B(\tau, t_0)}{h} x - \frac{\partial}{\partial t_0} B(\tau, t_0) x \right) d\tau \right\|$$

$$\leqq |t - t_0| \sup_{\tau \in [t_0, t]} \left\| \frac{B(\tau, t_0 + h) - B(\tau, t_0)}{h} x - \frac{\partial}{\partial t_0} B(\tau, t_0) x \right\| \underset{|h| \to 0}{\longrightarrow} 0 .$$

Wir beweisen jetzt den

Satz 3. Für jedes $x \in \mathfrak{D}_A$ besitzt die Funktion $X(t, t_0)\, x$ eine starke partielle Ableitung nach t_0. $\frac{\partial}{\partial t_0} X(t, t_0)\, x$ ist starkstetig in $\Omega \times \Omega$ und genügt der Integralgleichung

$$X_{t_0}(t, t_0)\, x = - U(t - t_0)\,(A + V(t_0))\, x + \int_{t_0}^{t} U\,(t - \tau)\; V(\tau)\; X_{t_0}(\tau, t_0)\, x\, d\tau . \tag{7}$$

Für die Norm von $\frac{\partial}{\partial t_0} X(t, t_0)\, x$ gilt die Abschätzung

$$\left\| \frac{\partial}{\partial t_0} X(t, t_0)\, x \right\| \leqq M\, e^{|t - t_0|\,(\omega + M \sup_{\tau \in [t_0, t]} \|V(\tau)\|)} \cdot (\|A\, x\| + \|V(t_0)\| \cdot \|x\|) . \tag{8}$$

Den durch $\frac{\partial}{\partial t_0} X(t, t_0)\, x$ auf $\mathfrak{D}_A$ definierten linearen Operator bezeichnen wir mit $\frac{\partial}{\partial t_0} X(t, t_0)$ oder $X_{t_0}(t, t_0)$ und sagen: Auf $\mathfrak{D}_A$ besitzt $X(t, t_0)$ eine starke Ableitung nach t_0.

Der Beweis wird in vier Schritten geführt.

1. $X_n(t, t_0)$ sei die oben erwähnte Iterationsfolge mit $X_0(t, t_0) = U(t - t_0)$. Für $x \in \mathfrak{D}_A$ existiert dann

$$\frac{\partial}{\partial t_0} X_0(t, t_0)\, x = - U(t - t_0)\, A\, x = - A\; U(t - t_0)\, x$$

stark, und diese Funktion ist bei festem x starkstetig in $\Omega \times \Omega$. Es ist weiter

$$X_1(t, t_0)\, x = U(t - t_0)\, x + \int_{t_0}^{t} U(t - \tau)\; V(\tau)\; X_0(\tau, t_0)\, x\, d\tau .$$

Der erste Summand besitzt eine starke Ableitung, die starkstetig ist. Der Integrand $U(t - \tau)\; V(\tau)\; X_0(\tau, t_0)\, x$ besitzt eine starke Ableitung nach t_0, nämlich $- U(t - \tau)\; V(\tau) \times$ $\times\; U(\tau - t_0)\, A\, x$. Diese ist starkstetig in $\Omega \times \Omega \times \Omega$. Nach Lemma 2 existiert $\frac{\partial}{\partial t_0} X_1(t, t_0)\, x$ stark, und es ist

$$\frac{\partial}{\partial t_0} X_1(t, t_0)\, x = - U(t - t_0)\, A\, x - U(t - t_0)\; V(t_0)\; x + \int_{t_0}^{t} U(t - \tau)\; V(\tau)\, \frac{\partial}{\partial t_0} X_0(\tau, t_0)\, x\, d\tau .$$

Induktiv ergibt sich:

Die Ableitung $\frac{\partial}{\partial t_0} X_n(t, t_0)\, x$ existiert stark an jeder Stelle (t, t_0) und für alle $x \in \mathfrak{D}_A$, ist eine in $\Omega \times \Omega$ starkstetige Funktion und genügt der Relation

$$\frac{\partial}{\partial t_0} X_n(t, t_0)\, x = - U(t - t_0)\,(A + V(t_0))\, x + \int_{t_0}^{t} U(t - \tau)\; V(\tau)\, \frac{\partial}{\partial t_0} X_{n-1}(\tau, t_0)\, x\, d\tau .$$

2. Wir setzen vorübergehend $\frac{\partial}{\partial t_0} X_n(t, t_0)\, x = Y_n(t, t_0)\, x$ und zeigen: Für jedes $(t, t_0) \in \Omega \times \Omega$ und jedes $x \in \mathfrak{D}_A$ konvergiert die Folge $Y_n(t, t_0)\, x$ stark. Dadurch ist auf $\mathfrak{D}_A$ ein linearer Operator $Y(t, t_0)$ definiert $\left(Y(t, t_0)\, x = \lim\limits_{n \to \infty} Y_n(t, t_0)\, x\right)$. Die Konvergenz ist gleichmäßig in (t, t_0) in endlichen Bereichen, die Grenzfunktion $Y(t, t_0)\, x$ ist also in $\Omega \times \Omega$ starkstetig.

Zum Beweis schätzen wir die Differenzen $Y_n(t, t_0)\, x - Y_{n-1}(t, t_0)\, x$ ab. Es wird

$$\begin{aligned}&||Y_1(t, t_0)\, x - Y_0(t, t_0)\, x||\\ &\leqq ||U(t-t_0)|| \cdot ||V(t_0)|| \cdot ||x|| + \sup_{\tau \in [t_0, t]} ||V(\tau)|| \cdot \left|\int_{t_0}^{t} ||U(t-\tau)|| \cdot ||U(\tau - t_0|| \cdot ||A\, x||\, d\tau\right|\\ &\leqq M\, e^{\omega|t-t_0|} \cdot ||V(t_0)|| \cdot ||x|| + M^2\, e^{\omega|t-t_0|} \cdot \sup_{\tau \in [t_0, t]} ||V(\tau)|| \cdot ||A\, x|| \cdot |t - t_0|\end{aligned}$$

und

$$||Y_2(t, t_0)\, x - Y_1(t, t_0)\, x|| \leqq \left|\int_{t_0}^{t} ||U(t-\tau)|| \cdot ||V(\tau)|| \cdot ||Y_1(\tau, t_0)\, x - Y_0(\tau, t_0)\, x||\, d\tau\right|$$

$$\begin{aligned}&\leqq \sup_{\tau \in [t_0, t]} ||V(\tau)|| \cdot M\\ &\times \left|\int_{t_0}^{t} e^{\omega|t-\tau|} \left(M\, e^{\omega|\tau-t_0|}\, ||V(t_0)|| \cdot ||x|| + M^2\, e^{\omega|\tau-t_0|} \sup_{\tau' \in [t_0, \tau]} ||V(\tau')|| \cdot ||A\, x|| \cdot |\tau - t_0|\right) d\tau\right|\\ &\leqq ||V(t_0)|| \cdot ||x|| \cdot M^2\, e^{\omega|t-t_0|} \sup_{\tau \in [t_0, t]} ||V(\tau)|| \cdot |t - t_0| + ||A\, x|| \cdot M^3\, e^{\omega|t-t_0|} \left(\sup_{\tau \in [t_0, t]} ||V(\tau)||\right)^2 \cdot \frac{|t-t_0|^2}{2!}\end{aligned}$$

und induktiv

$$\begin{aligned}&||Y_n(t, t_0)\, x - Y_{n-1}(t, t_0)\, x||\\ &\qquad \leqq ||V(t_0)|| \cdot ||x|| \cdot M^n\, e^{\omega|t-t_0|} \left(\sup_{\tau \in [t_0, t]} ||V(\tau)||\right)^{n-1} \cdot \frac{|t-t_0|^{n-1}}{(n-1)!}\\ &\qquad + ||A\, x|| \cdot M^{n+1}\, e^{\omega|t-t_0|} \left(\sup_{\tau \in [t_0, t]} ||V(\tau)||\right)^{n} \cdot \frac{|t-t_0|^{n}}{n!}\,.\end{aligned}$$

Hieraus folgt wie früher

a) $Y_n(t, t_0)\, x$ konvergiert stark (Grenzfunktion $Y(t, t_0)\, x$).

b) Die Konvergenz ist gleichmäßig in (t, t_0) in endlichen Bereichen.

c) Eine Abschätzung der Norm von $Y(t, t_0)\, x$ ergibt sich zu

$$||Y(t, t_0)\, x|| \leqq M\, e^{|t-t_0|\,(\omega + M \sup_{\tau \in [t_0, t]} ||V(\tau)||)} \cdot (||A\, x|| + ||V(t_0)|| \cdot ||x||)\,,$$

d) $Y(t, t_0)\, x$ ist in $\Omega \times \Omega$ starkstetig.

3. Weiter wird gezeigt, daß $Y(t, t_0)\, x$ der Integralgleichung (7) genügt. Der Beweis verläuft wie oben und stützt sich im wesentlichen auf die Iterationsformel und die Gleichmäßigkeit der Konvergenz.

4. Endlich zeigen wir, daß $Y(t, t_0)\, x$ starke Ableitung von $X(t, t_0)\, x$ nach t_0 ist. Wir benutzen dabei:

$$X(t, t_0) = \lim_{n \to \infty} X_n(t, t_0) \quad \text{und} \quad Y(t, t_0)\, x = \lim_{n \to \infty} \frac{\partial}{\partial t_0} X_n(t, t_0)\, x = \lim Y_n(t, t_0)\, x\,.$$

Die Folge $\int_a^{t_0} Y_n(t, \tau)\, x\, d\tau$ konvergiert stark gegen $\int_a^{t_0} Y(t, \tau)\, x\, d\tau$, denn

$$\left\|\int_a^{t_0} Y_n(t, \tau)\, x\, d\tau - \int_a^{t_0} Y(t, \tau)\, x\, d\tau\right\| \leqq |t_0 - a| \sup_{\tau \in [a, t_0]} ||Y_n(t, \tau)\, x - Y(t, \tau)\, x|| \xrightarrow[n \to \infty]{} 0\,,$$

also konvergiert $X_n(t, t_0)\, x - X_n(t, a)\, x$ stark gegen $\int_a^{t_0} Y(t, \tau)\, x\, d\tau$. Hieraus folgt sofort

$$X(t, t_0)\, x = X(t, a)\, x + \int_a^{t_0} Y(t, \tau)\, x\, d\tau\,,$$

also existiert die Ableitung $\frac{\partial}{\partial t_0} X(t, t_0)\, x$ stark und ist gleich $Y(t, t_0)\, x$.

2.1.5. Wir betrachten jetzt die Integralgleichung (7). Für jedes $y \in \mathfrak{H}$ genügt die Funktion $X(t, t_0)\, y$ in ganz $\Omega \times \Omega$ der Relation

$$X(t, t_0)\, y = U\,(t - t_0)\, y + \int_{t_0}^{t} U\,(t - \tau)\, V(\tau)\, X(\tau, t_0)\, y\, d\tau\,. \tag{9}$$

Wir setzen jetzt $y = -\,(A + V(t_0))\, x$, $x \in \mathfrak{D}_A$, und

$$-\, X(t, t_0)\,(A + V(t_0))\, x = P(t, t_0)\, x\,. \tag{10}$$

Es gilt

$$-\, X(t, t_0)\,(A + V(t_0))\, x = -\, U\,(t - t_0)\,(A + V(t_0))\, x - \int_{t_0}^{t} U(t - \tau)\, V(\tau)\, X(\tau, t_0)\,(A + V(t_0))\, x\, d\tau$$

und

$$P(t, t_0)\, x = -\, U\,(t - t_0)\,(A + V(t_0))\, x + \int_{t_0}^{t} U\,(t - \tau)\, V(\tau)\, P(\tau, t_0)\, x\, d\,\tau\,,$$

d. h., $P(t, t_0)\, x$ genügt der Integralgleichung (7). Wir zeigen

Satz 4. Die Integralgleichung (7) hat für jedes $x \in \mathfrak{D}_A$ genau eine in $\Omega \times \Omega$ starkstetige Lösung $f(t, t_0; x)$.

Beweis. Wir schätzen die Differenz $P(t, t_0)\, x - f(t, t_0; x)$ ab. $P(t, t_0)\, x$ sei dabei die Lösung (10), $f(t, t_0; x)$ irgendeine starkstetige Lösung. Es ist

$$P(t, t_0)\, x - f(t, t_0; x) = \int_{t_0}^{t} U\,(t - \tau)\, V(\tau)\,\big(P(\tau, t_0)\, x - f(\tau, t_0; x)\big)\, d\tau\,,$$

also

$$||P(t, t_0)\, x - f(t, t_0; x)|| \leqq \sup_{\tau \in [t_0,\, t]} ||P(\tau, t_0)\, x - f(\tau, t_0; x)|| \cdot M\, e^{\omega|t - t_0|} \cdot \sup_{\tau \in [t_0,\, t]} ||V(\tau)|| \cdot |t - t_0|$$

und weiter, indem wir die eben gewonnene Abschätzung wieder verwenden,

$$||P(t, t_0)\, x - f(t, t_0; x)|| \leqq \sup_{\tau \in [t_0,\, t]} ||P(\tau, t_0)\, x - f(\tau, t_0; x)|| \cdot M^2\, e^{2\omega|t - t_0|} \Big(\sup_{\tau \in [t,\, t_0]} \cdot ||V(\tau)||\Big)^2 \frac{|t - t_0|^2}{2!}$$

und schließlich

$$||P(t, t_0)\, x - f(t, t_0; x)|| \leqq \sup_{\tau \in [\tau_0,\, t]} ||P(\tau, t_0)\, x - f(\tau, t_0; x)||\, M^n\, e^{n\omega|t - t_0|} \Big(\sup_{\tau \in [t_0,\, t]} ||V(\tau)||\Big)^n \cdot \frac{|t - t_0|^n}{n!}\,,$$

also folgt für jedes (t, t_0) und jedes $x \in \mathfrak{D}_A$

$$f(t, t_0; x) = P(t, t_0)\, x\,.$$

Der auf $\mathfrak{D}_A$ definierte Operator $P(t, t_0)$ ist wegen (10) abgeschlossen.

2.1.6. Wir ziehen nun eine Folgerung.

Korollar. Für jedes $x \in \mathfrak{D}_A$ genügt die Funktion $X(t, t_0)\, x$ an jeder Stelle (t, t_0) folgender Differentialgleichung:

$$\frac{\partial}{\partial t_0}\, X\,(t, t_0)\, x = -\, X(t, t_0)\,(A + V(t_0))\, x\,. \tag{11}$$

Der Beweis ergibt sich unmittelbar aus 2.1.5. und 2.1.4. (11) zeigt, daß auch $\frac{\partial}{\partial t_0}\, X(t, t_0)$ auf $\mathfrak{d}_A$ ein abgeschlossener Operator ist.

2.2. *Starke Voraussetzungen*

Bisher konnten wir noch nicht zeigen, daß die Operatorfunktion $X(t, t_0)$ auf $\mathfrak{D}_A$ eine starke Ableitung nach t besitzt. Um dies zeigen zu können, führen wir einige neue Voraussetzungen über die Operatorfunktion $V(t)$ ein.

2.2.1. In $\mathfrak{D}_A$, dem Definitionsbereich von A, führen wir in bekannter Weise die Norm

$$[x] = ||x|| + ||A\, x||$$

ein. Dann läßt sich zeigen[1]), daß $\mathfrak{D}_A$ bezüglich [] ein Banachscher Raum ist. Wir setzen jetzt voraus:

a) Für alle $x \in \mathfrak{D}_A$ und für alle $t \in \Omega$ gilt $V(t)\, x \in \mathfrak{D}_A$.

b) Für alle t ist $V(t)$ ein bezüglich [] beschränkter Operator.

c) Für alle $x \in \mathfrak{D}_A$ und alle $t \in \Omega$ gilt: $V(t)\, x$ ist starkstetig in Ω bezüglich der Norm [].

Wir beweisen

Lemma 1. Ist $x \in \mathfrak{D}_A$, so ist $U(t)\, x$ starkstetig in [].

Beweis. Es ist

$$[U(t+h)\, x - U(t)\, x] = ||U(t+h)\, x - U(t)\, x|| + ||U(t+h)\, A\, x - U(t)\, A\, x|| < \varepsilon\,,$$

falls $|h| < \delta(\varepsilon, x, t)$.

Lemma 2. Es ist $\sup\limits_{\tau \in [a, b]} [V(\tau)] = K(a, b) < \infty$.

Beweis. Da $V(\tau)\, x$ für $x \in \mathfrak{D}_A$ starkstetig ist in $\tau \in [a, b]$, so ist $[V(\tau)\, x]$ stetig in $[a, b]$, also $\sup\limits_{\tau \in [a, b]} [V(\tau)\, x] < \infty$. Dann folgt auch[2]) $\sup\limits_{\tau \in [a, b]} [V(\tau)] = K(a, b) < \infty$.

Lemma 3. Ist $x(t) \in \mathfrak{D}_A$ für alle $t \in \Omega$ und $x(t)$ starkstetig in [], so ist auch $V(t)\, x(t)$ starkstetig in [].

Beweis. Es ist

$$[V(t+h)\, x(t+h) - V(t)\, x(t)]$$
$$\leqq \sup_h [V(t+h)] \cdot [x(t+h) - x(t)] + [(V(t+h) - V(t))\, x(t)] < \varepsilon\,,$$

sobald $|h| < \delta(\varepsilon, t)$.

2.2.2. Wir beweisen zunächst folgenden

Satz 5. Für alle $(t, t_0) \in \Omega \times \Omega$ und für alle $x \in \mathfrak{D}_A$ ist $X(t, t_0)\, x \in \mathfrak{D}_A$, $X(t, t_0)\, x$ ist starkstetig in $\Omega \times \Omega$ bezüglich [] und für die Norm $[X(t, t_0)]$ gilt die Abschätzung

$$[X(t, t_0)] \leqq M\, e^{|t-t_0|\,(\omega + M \sup\limits_{\tau \in [t_0, t]} [V(\tau)])}\,.$$

Der Beweis wird in zwei Schritten geführt.

1. Wir zeigen: Ist $X_n(t, t_0)$ die zu $X_0(t, t_0) = U(t - t_0)$ gehörende Iterationsfolge, so gilt für $n = 0, 1, 2, \ldots$ $X_n(t, t_0)\, x \in \mathfrak{D}_A$, falls $x \in \mathfrak{D}_A$ und die Funktion $X_n(t, t_0)\, x$ ist auf $\Omega \times \Omega$ starkstetig bezüglich [].

Für $X_0(t, t_0)$ sind die Behauptungen bewiesen (Lemma 1). Sie seien für $X_{n-1}(t, t_0)$ bewiesen. Es ist

$$X_n(t, t_0)\, x = U(t - t_0)\, x + \int_{t_0}^{t} U(t - \tau)\, V(\tau)\, X_{n-1}(\tau, t_0)\, x\, d\tau\,. \qquad (12)$$

---

1) Siehe z. B. [1] S. 291.

2) Siehe z. B. [3] S. 66, Corollar 21.

Es ist $V(\tau)\, X_{n-1}(\tau, t_0)\, x$ starkstetig in $\Omega \times \Omega$ bezüglich [] (Lemma 3) und $U(t-\tau)\, V(\tau) \times X_{n-1}(\tau, t_0)\, x$ starkstetig in $\Omega \times \Omega \times \Omega$ bezüglich []. Außerdem ist für jedes (t, τ, t_0): $U(t-\tau)\, V(\tau)\, X_{n-1}(\tau, t_0)\, x \in \mathfrak{D}_A$. Hieraus folgt[1])

a) $\int_{t_0}^{t} U(t-\tau)\, V(\tau)\, X_{n-1}(\tau, t_0)\, x\, d\tau \in \mathfrak{D}_A$,

b) Diese Funktion ist starkstetig in $\Omega \times \Omega$ bezüglich [],

c) $A\left(\int_{t_0}^{t} U(t-\tau)\, V(\tau)\, X_{n-1}(\tau, t_0)\, x\, d\tau\right) = \int_{t_0}^{t} A\, U(t-\tau)\, V(\tau)\, X_{n-1}(\tau, t_0)\, x\, d\tau$.

Aus a) b) c) folgen unmittelbar die Behauptungen von 1. für die Funktion $X_n(t, t_0)\, x$.

2. Jetzt zeigen wir, daß für jedes $(t, t_0) \in \Omega \times \Omega$ und für jedes $x \in \mathfrak{D}_A$ auch $X(t, t_0)\, x \in \mathfrak{D}_A$ gilt. Dazu betrachten wir die Folge $X_n(t, t_0)\, x$ bei festem (t, t_0) und festem x für $n \to \infty$ und zeigen, daß sie sogar bezüglich der Norm [] stark konvergent ist. (Es würde an sich genügen, zu zeigen, daß die Folge $A\, X_n(t, t_0)\, x$ stark konvergent ist bezüglich $\|\ \|$, daraus folgte dann die Behauptung).

Wir bemerken zunächst, daß natürlich $U(t)$ auch bezüglich [] beschränkt ist und daß gilt $[U(t)] \leqq M\, e^{\omega|t|}$. Es wird

$$[X_1(t, t_0)\, x - X_0(t, t_0)\, x] \leqq \left|\int_{t_0}^{t} [U(t-\tau)\, V(\tau)\, X_0(\tau, t_0)\, x]\, d\tau\right| \leqq \sup_{\tau \in [t_0, t]} [V(\tau)]\, M^2\, e^{\omega|t-t_0|}\, |t-t_0| \cdot [x]$$

und induktiv

$$[X_n(t, t_0)\, x - X_{n-1}(t, t_0)\, x] \leqq M\, e^{\omega|t-t_0|}\, [x] \cdot \frac{|t-t_0|^n}{n!} \left(\sup_{\tau \in [t_0, t]} [V(\tau)]\right)^n \cdot M^n, \qquad n = 1, 2, \ldots.$$

Aus diesen Abschätzungen folgt wie oben

a) die starke Konvergenz von $X_n(t, t_0)\, x$ für $n \to \infty$ bezüglich [ ]. Grenzfunktion sei $y(t, t_0; x) \in \mathfrak{D}_A$. Diese Grenzfunktion muß aber mit dem starken Grenzwert bezüglich $\|\ \|$ von $X_n(t, t_0)\, x$, das ist $X(t, t_0)\, x$, zusammen fallen, also haben wir $X(t, t_0)\, x \in \mathfrak{D}_A$;

b) eine Abschätzung für die Norm:

$$[X(t, t_0)\, x] \leqq [x] \cdot M\, e^{|t-t_0|\,(\omega + M \sup_{\tau \in [t_0, t]} [V(\tau)])}$$

c) die Gleichmäßigkeit der Konvergenz bezüglich (t, t_0) in endlichen Bereichen von $\Omega \times \Omega$. Hieraus folgt die starke Stetigkeit von $X(t, t_0)\, x$ in $\Omega \times \Omega$ bezüglich [ ].

2.2.3. Nach dieser Vorbereitung können wir jetzt folgenden Satz beweisen:

Satz 6. Für jedes $x \in \mathfrak{D}_A$ und für jedes $(t, t_0) \in \Omega \times \Omega$ besitzt $X(t, t_0)\, x$ eine starke partielle Ableitung nach t. Diese Ableitung genügt an jeder Stelle (t, t_0) der Relation

$$\frac{\partial}{\partial t} X(t, t_0)\, x = (A + V(t))\, X(t, t_0)\, x\,, \tag{13}$$

d. h., $X(t, t_0)\, x$ ist Lösung der Differentialgleichung (13), also $\frac{\partial}{\partial t} X(t, t_0)$ auf $\mathfrak{D}_A$ abgeschlossen und $\frac{\partial}{\partial t} X(t, t_0)\, x$ starkstetig in $\Omega \times \Omega$ bezüglich $\|\ \|$.

Beweis. Sei $x \in \mathfrak{D}_A$. Es war

$$X(t, t_0)\, x = U(t-t_0)\left(x + \int_{t_0}^{t} U(t_0-\tau)\, V(\tau)\, X(\tau, t_0)\, x\, d\tau\right).$$

[1]) Siehe z. B. [4] S. 63, Theorem 3.3.2.

Wie oben folgt: Es ist $\int\limits_{t_0}^{t} U(t_0 - \tau)\, V(\tau)\, X(\tau, t_0)\, x\, d\tau \in \mathfrak{D}_A$, und das Integral ist eine in $\Omega \times \Omega$ starkstetige Funktion bezüglich [ ]. Es besitzt eine starke Ableitung nach t bezüglich [ ], diese Ableitung ist auch stark bezüglich $\|\ \|$.

Weiter besitzt $U(t - t_0)$ auf dem Element $x + \int\limits_{t_0}^{t} U(t_0 - \tau)\, V(\tau)\, X(\tau, t_0)\, x\, d\tau$ (hier ist jetzt t festzuhalten) eine starke Ableitung nach t bezüglich $\|\ \|$. Dann besitzt aber $X(t, t_0)\, x$ eine starke Ableitung bezüglich $\|\ \|$, und es gilt

$$\frac{\partial}{\partial t} X(t, t_0)\, x$$

$$= \frac{\partial}{\partial t} U(t - t_0)\left(x + \int\limits_{t_0}^{t} U(t_0 - \tau)\, V(\tau)\, X(\tau, t_0)\, x\, d\tau\right) + U(t - t_0)\, U(t_0 - t)\, V(t)\, X(t, t_0)\, x\,,$$

also

$$\frac{\partial}{\partial t} X(t, t_0)\, x = A\, U(t - t_0)\left(x + \int\limits_{t_0}^{t} U(t_0 - \tau)\, V(\tau)\, X(\tau, t_0)\, x\, d\tau\right) + V(t)\, X(t, t_0)\, x\,.$$

$X(t, t_0)\, x$ genügt also einer Integrodifferentialgleichung, die aber sofort in eine Differentialgleichung übergeht, wenn man die Integralgleichung für $X(t, t_0)$ berücksichtigt. Dann erhält man (13).

2.2.4. Wir haben bis jetzt mit Hilfe von Integralgleichungen sowohl für die Differentialgleichung $Z'(t) = (A + V(t))\, Z(t)$ als auch für $Z'(t) = -Z(t)\,(A + V(t))$ Lösungen angegeben mit der Eigenschaft $Z(t_0) = I$. Wir gehen jetzt dazu über, unter denselben Voraussetzungen wie bisher Eindeutigkeitssätze für diese Differentialgleichungen abzuleiten.

2.2.5. Wir zeigen

Satz 7. Für jedes $(t, t_0) \in \Omega \times \Omega$ besitzt der Operator $X(t, t_0)$ einen inversen Operator X^{-1} und es gilt

$$X^{-1}(t, t_0) = X(t_0, t)\,.$$

Beweis. Wir betrachten den Operator $R(t, t_0) = X(t_0, t)\, X(t, t_0)$. Für $x \in \mathfrak{D}_A$ besitzt $R(t, t_0)\, x$ eine starke partielle Ableitung nach t, und es ist

$$R_t(t, t_0)\, x = X_\beta(t_0, t)\, X(t, t_0)\, x + X(t_0, t)\, X_\alpha(t, t_0)\, x\,,$$

wobei wir mit α bzw. β das erste bzw. zweite Argument von X bezeichnen. Es wird

$$R_t(t, t_0)\, x = -X(t_0, t)\,(A + V(t))\, X(t, t_0)\, x + X(t_0, t)\,(A + V(t))\, X(t, t_0)\, x \equiv 0$$

für beliebiges (t, t_0). $R(t, t_0)$ ist also auf $\mathfrak{D}_A$ und damit auf ganz $\mathfrak{H}$ ein bezüglich t konstanter Operator[1]) $R(t_0)$. Wegen $R(t_0, t_0) = I$ ist aber $R(t_0) = I$, also gilt für alle $(t, t_0) \in \Omega \times \Omega$

$$X(t_0, t)\, X(t, t_0) = I\,.$$

2.2.6. Hieraus folgen sofort Eindeutigkeitssätze für beide Differentialgleichungstypen.

Satz 8. Die Differentialgleichung

$$X'(t) = (A + V(t))\, X(t)\,, \qquad X(t_0) = I \tag{14}$$

besitzt genau eine Lösung mit starker Ableitung auf $\mathfrak{D}_A$ (nämlich die Lösung der Integralgleichung (4)) mit der Eigenschaft: Aus $x \in \mathfrak{D}_A$ folgt $X(t)\, x \in \mathfrak{D}_A$ für alle $t \in \Omega$.

---

[1]) Siehe z. B. [4] S. 59, Theorem 3.2.1.

Beweis. Wir wissen, daß $Y(t) = X(t_0, t)$ eine Lösung der Differentialgleichung $Y'(t) = - Y(t)(A + V(t))$ ist und für jedes t einen inversen Operator besitzt. Sei $R(t)$ eine Nulllösung von (13), also $R(t_0) = 0$ und $R(t)\, x \in \mathfrak{D}_A$, falls $x \in \mathfrak{D}_A$. Wir betrachten den Operator $S(t) = Y(t)\, R(t)$. Auf $\mathfrak{D}_A$ besitzt $S(t)$ eine starke Ableitung bezüglich $\|\ \|$, und es wird
$$S'(t)\, x = Y'(t)\, R(t)\, x + Y(t)\, R'(t)\, x = - Y(t)(A + V(t))\, R(t)\, x + Y(t)(A + V(t))\, R(t)\, x ,$$
also $S'(t)\, x \equiv 0$, also $S(t)\, x$ konstant, also $Y(t)\, R(t) = Y(t_0)\, R(t_0) = 0$, also $Y(t)\, R(t) \equiv 0$ für alle t, also $R(t) \equiv 0$ für alle $t \in \Omega$.

In völlig analoger Weise ergibt sich

Satz 9. Die Differentialgleichung

$$X'(t) = - X(t)(A + V(t)), \quad X(t_0) = I \tag{15}$$

besitzt genau eine Lösung mit starker Ableitung auf $\mathfrak{D}_A$.

Wir bemerken, daß es im Satz 9 nicht notwendig ist, von der Lösung eine Nebenbedingung analog der in Satz 8 zu fordern, denn der Operator $S(t)$ wird jetzt so gebildet: $S(t) = R(t)\, X(t)$, wo $R(t)$ Nullösung von (15) und $X(t)$ Lösung von (13) ist.

2.2.7. Aus Satz 8 folgen jetzt unmittelbar die bekannten Transitivitätsrelationen für $X(t, t_0)$. Es gilt

Satz 10. Für alle $(t_1, t_2, t_3) \in \Omega \times \Omega \times \Omega$ gilt

$$X(t_1, t_2)\, X(t_2, t_3) = X(t_1, t_3)\,. \tag{16}$$

Beweis. $X(t, t_3)$ ist Lösung von (14) und $X(t_3, t_3) = I$. $X(t, t_2)\, X(t_2, t_3)$ ist ebenfalls Lösung von (14) und es ist $X(t_3, t_2)\, X(t_2, t_3) = I$. Hieraus folgt auf Grund von Satz 8 sofort die Beziehung (16).

3. Betrachtungen im Hilbertschen Raum

$\mathfrak{H}$ sei im folgenden ein Hilbertscher Raum. Es mögen die in 2.1. verwendeten Voraussetzungen gelten. Hinzu kommt die Voraussetzung:

Die Operatorfunktion $V^*(t)$ sei in $t \in \Omega$ starkstetig bezüglich $\|\ \|$.[1])

Wir machen einige zusätzliche Bemerkungen, vor allem im Hinblick auf die Eigenschaften der zu $X(t, t_0)$ adjungierten Operatorfunktion. Zunächst: Der Operator A^* erfüllt dieselben Bedingungen wie der Operator A in 2.1.1. Die von A^* erzeugte starkstetige Operatorgruppe ist die Gruppe $U^*(t)$. Es gilt also

$$\frac{d}{dt}\left(U^*(t)\right) = A^*\, U^*(t) = U^*(t)\, A^*\,. \tag{17}$$

3.1. Wir betrachten die Operatorfunktion $X^*(t, t_0)$ und fragen nach deren Starkstetigkeit in $\Omega \times \Omega$[1]). Hier gilt

Satz 11. Die Operatorfunktion $X^*(t, t_0)$ ist in $\Omega \times \Omega$ starkstetig und genügt der Integralgleichung

$$X^*(t, t_0) = U^*(t - t_0) + \int_{t_0}^{t} X^*(\tau, t_0)\, V^*(\tau)\, U^*(t - \tau)\, d\tau\,. \tag{18}$$

[1]) Ist eine Operatorfunktion $A(t)$ gleichmäßig stetig bezüglich der Operatornorm in t, so ist unmittelbar auch $A^*(t)$ gleichmäßig stetig. Dasselbe gilt für die schwache Stetigkeit von $A(t)$. Ist $A(t)$ starkstetig, so läßt sich wegen der Asymmetrie der Definition allgemein nicht zeigen, daß auch $A^*(t)$ starkstetig ist.

Beweis. $X_n(t, t_0)$ sei die Iterationsfolge mit dem Anfangsglied $X_0(t, t_0) = U\,(t - t_0)$. Dann ist $X_0^*(t, t_0) = U^*\,(t - t_0)$ und diese Operatorfunktion ist in $\Omega \times \Omega$ starkstetig. Es ist weiter, falls $X_{n-1}^*(t, t_0)$ starkstetig ist in $\Omega \times \Omega$,

$$X_n^*(t, t_0) = \left(I + \int_{t_0}^{t} X_{n-1}^*(\tau, t_0)\ V^*(\tau)\ U^*\,(t_0 - \tau)\ d\tau\right) U^*\,(t - t_0)\,, \tag{19}$$

und die rechte Seite ist wieder starkstetig in $\Omega \times \Omega$, also folgt: $X_n^*(t, t_0)$ ist für $n = 0, 1, 2, \ldots$ starkstetig in $\Omega \times \Omega$. Nun war $X_n(t, t_0)$ gleichmäßig konvergent gegen $X(t, t_0)$. Dann folgt: $||X_n^*(t, t_0) - X_m^*(t, t_0)|| = ||X_n(t, t_0) - X_m(t, t_0)|| \xrightarrow[n,\,m \to \infty]{} 0$, also ist auch $X_n^*(t, t_0)$ gleichmäßig konvergent. Grenzoperator sei $Y(t, t_0)$. Da diese gleichmäßige Konvergenz gleichmäßig in (t, t_0) ist in endlichen Bereichen, so folgt: $Y(t, t_0)$ ist in $\Omega \times \Omega$ starkstetig. Schließlich ergibt sich $Y(t, t_0) = X^*(t, t_0)$, denn für alle $x \in \mathfrak{H}$ und alle $y \in \mathfrak{H}$ gilt $(X_n(t, t_0)\ x, y) \to (X(t, t_0)\ x, y)$ und $(x, X_n^*(t, t_0)\ y) \to (x, Y(t, t_0)\ y)$.

Unmittelbar durch Übertragen früherer Schlußweisen ergibt sich aus der Iterationsformel (19) sowie der Gleichmäßigkeit der Konvergenz in (t, t_0): $X^*(t, t_0)$ genügt der Integralgleichung (18).

Ebenfalls durch Übertragen früherer Schlußweisen auf die Integralgleichung (18) ergibt sich

Satz 12. Die Integralgleichung (18) besitzt genau eine starkstetige Lösung.

3.2. Wir fragen jetzt nach der Existenz von starken partiellen Ableitungen der Operatorfunktion $X^*(t, t_0)$. Wir beweisen

Satz 13. Für alle $x \in \mathfrak{D}_{A^*}$ besitzt die Funktion $X^*(t, t_0)\ x$ an jeder Stelle (t, t_0) eine starke Ableitung nach t.

Beweis. Es ergibt sich

$$\frac{1}{h}\,(X^*\,(t + h) - X^*(t))\ x$$
$$= \left(I + \int_{t_0}^{t+h} X^*(\tau, t_0)\ V^*(\tau)\ U^*\,(t_0 - \tau)\ d\tau\right) \frac{U^*(t - t_0 + h) - U^*\,(t - t_0)}{h}\ x$$
$$+ \frac{1}{h} \int_{t}^{t+h} X^*(\tau, t_0)\ V^*(\tau)\ U^*\,(t_0 - \tau)\ d\tau\ U^*\,(t - t_0)\ x\,.$$

Der Operator $\frac{1}{h} \int_{t}^{t+h} X^*(\tau, t_0)\ V^*(\tau)\ U^*\,(t_0 - \tau)\ d\tau$ ist für $h \to 0$ sogar gleichmäßig konvergent bezüglich der Operatornorm, und zwar gegen den Operator $X^*(t, t_0)\ V^*(t)\ U^*\,(t_0 - t)$ denn

$$\left\|\frac{1}{h} \int_{t}^{t+h} X^*(\tau, t_0)\ V^*(\tau)\ U^*\,(t_0 - \tau)\ d\tau - X^*(t, t_0)\ V^*(t)\ U^*\,(t_0 - t)\right\|$$
$$\leq \sup_{\tau \in [t, t+h]} ||X^*(\tau, t_0)\ V^*(\tau)\ U^*\,(t_0 - \tau) - X^*(t, t_0)\ V^*(t)\ U^*\,(t_0 - t)|| \xrightarrow[n \to \infty]{} 0$$

Der Operator $I + \int_{t}^{t+h} X^*(\tau, t_0)\ V^*(\tau)\ U^*\,(t_0 - \tau)\ d\tau$ konvergiert für $h \to 0$ gleichmäßig bezüglich der Operatornorm gegen $I + \int_{t_0}^{t} X^*(\tau, t_0)\ V^*(\tau)\ U^*\,(t_0 - \tau)\ d\tau$.

$\frac{1}{h}\,(U^*\,(t - t_0 + h) - U^*\,(t - t_0))\ x$ konvergiert für $h \to 0$ stark gegen $A^*\ U^*\,(t - t_0)\ x$ $= U^*\,(t - t_0)\ A^*\ x$.

Alles in allem existiert $\lim\limits_{h \to \infty} \frac{1}{h}\,(X^*\,(t + h, t_0) - X^*(t, t_0))\ x$ stark für $x \in \mathfrak{D}_{A^*}$.

Als Folgerung erhalten wir sofort die Relation

$$\frac{\partial}{\partial t} X^*(t, t_0)\, x = \left(I + \int_{t_0}^{t} X^*(\tau, t_0)\, V^*(\tau)\, U^*(t_0 - \tau)\, d\tau\right) U^*(t - t_0)\, A^*\, x + X^*(t, t_0)\, V^*(t)\, x\,.$$

Benutzen wir noch (18), so erhalten wir

Satz 14. Die Funktion $X^*(t, t_0)\, x$ genügt an jeder Stelle (t, t_0) der Differentialgleichung

$$\frac{\partial}{\partial t} X^*(t, t_0)\, x = X^*(t, t_0)\, (A^* + V^*(t))\, x\,. \tag{20}$$

Daraus ergibt sich: $\frac{\partial}{\partial t} X^*(t, t_0)\, x$ ist in $\Omega \times \Omega$ starkstetig, $\frac{\partial}{\partial t} X^*(t, t_0)$ ist auf $\mathfrak{D}_A$ abgeschlossen.

3.3. Wir betrachten zum Schluß einen für die Quantenmechanik wichtigen Spezialfall. Die Operatorfunktion $P(t) = A + V(t)$ habe jetzt die Eigenschaft

$$P(t) = -\, i\, H(t)\,,$$

wo $H(t)$ eine Operatorfunktion selbstadjungierter Operatoren ist. Es ist also dann $H(t) = H + V(t)$, wobei H unbeschränkt und die $V(t)$ beschränkt selbstadjungiert. Außerdem mögen die bisherigen (starken) Voraussetzungen gelten.

Die Integralgleichung (4) für $X(t, t_0)$ lautet jetzt

$$X(t, t_0) = U(t - t_0) - i \int_{t_0}^{t} U(t - \tau)\, V(\tau)\, X(\tau, t_0)\, d\tau \tag{21}$$

und die Differentialgleichungen (14) und (15) lauten

$$\frac{\partial}{\partial t} X(t, t_0) = -\, i\, (H + V(t))\, X(t, t_0)\,, \qquad \frac{\partial}{\partial t_0} X(t, t_0) = i\, X(t, t_0)\, (H + V(t_0))\,. \tag{22}$$

Es gilt jetzt

Satz 15. $X(t, t_0)$ ist für jede Stelle (t, t_0) unitär.

Beweis. Die Differentialgleichung (20) für $X^*(t, t_0)$ lautet jetzt

$$\frac{\partial}{\partial t} X^*(t, t_0) = i\, X^*(t, t_0)\, (H + V(t))\,, \tag{23}$$

d. h., sie stimmt mit der zweiten Differentialgleichung (22) überein. Diese Differentialgleichung hat also die Lösungen $X^{-1}(t, t_0) = X(t_0, t)$ und $X^*(t, t_0)$. Außerdem ist $X^{-1}(t_0, t_0) = X(t_0, t_0) = I$ und $X^*(t_0, t_0) = I$, also gilt $X^{-1}(t, t_0) = X^*(t, t_0)$, das ist aber die Unitarität von $X(t, t_0)$.

Interpretiert man $H(t) = H + V(t)$ als Hamiltonoperator eines physikalischen Systems mit dem Zustandsraum $\mathfrak{H}$, so ist $X'(t) = -\, i\, H(t)\, X(t)$ die zugehörige Schrödingergleichung für den unitären Operator $X(t, t_0)$, der den Übergang vom Zeitpunkt t_0 zum Zeitpunkt t beschreibt. Die Relationen (16) drücken die Transitivität des Übergangs $t_0 \to t$ aus.

3.4. Ist $X_n(t, t_0)$ die n-te Näherungslösung von (21), so erhält man die Fehlerabschätzung (da H selbstadjungiert ist, kann $M = 1$ und $\omega = 0$ gesetzt werden)

$$\|X(t, t_0) - X_n(t, t_0)\| \leqq \sum_{\varrho = n+1}^{\infty} \Big(\sup_{\tau \in [t_0, t]} \|V(\tau)\|\Big)^{\varrho} \cdot \frac{|t - t_0|^{\varrho}}{\varrho!}\,,$$

und hieraus

$$\|X(t, t_0) - X_n(t, t_0)\| \leqq \Big(\sup_{\tau \in [t_0, t]} \|V(\tau)\|\Big)^{n+1} \cdot \frac{|t - t_0|^{n+1}}{(n+1)!}\, e^{|t - t_0| \sup_{\tau \in [t_0, t]} \|V(\tau)\|} \tag{24}$$

Die Näherung $X_n(t, t_0)$ ist also bei festem n um so besser, je kleiner $\sup_{\tau \in [t_0, t]} \|V(\tau)\|$ ist und je kleinere Zeitintervalle $[t_0, t]$ betrachtet werden.

Die rechte Seite von (24) ist gleichzeitig eine Abschätzung für die Differenz der ,,komplexen'' Übergangswahrscheinlichkeiten von einem Zustand φ zur Zeit t_0 in einem Zustand ψ zur Zeit t, denn

$$|(X(t, t_0)\, \varphi, \psi) - (X_n(t, t_0)\, \varphi, \psi)| \leqq \|X(t, t_0) - X_n(t, t_0)\| .$$

3.5. Betrachten wir zum Beispiel den Fall, daß $U(t)$ die Gestalt

$$U(t) = \sum_{\varrho=1}^{\infty} e^{-i\lambda_\varrho t}\, P_\varrho\,, \quad P_\varrho^* = P_\varrho\,, \quad P_\varrho^2 = P_\varrho\,, \quad \sum_{\varrho=1}^{\infty} P_\varrho = I\,, \quad P_\varrho\, P_\sigma = 0\,, \quad \varrho \neq \sigma$$

hat, wobei die Reihe auf der rechten Seite stark konvergent sein soll.

$V(t) = f(t)\, V$, wo $f(t)$ z. B. eine stetige Funktion ist, die außerhalb eines endlichen Intervalles $[a, b]$ verschwindet und V ein konstanter selbstadjungierter beschränkter Operator.

Dann ist

$$\begin{aligned} X_1(t, t_0) &= U(t - t_0) - i \int_{t_0}^{t} U(t - \tau)\, f(\tau)\, V\, U(\tau - t_0)\, d\tau = \\ &= \sum_{\varrho=1}^{\infty} e^{-i\lambda_\varrho(t-t_0)}\, P_\varrho - i \int_{t_0}^{t} \sum_{\varrho=1}^{\infty} e^{-i\lambda_\varrho(t-\tau)}\, P_\varrho \cdot f(\tau)\, V \sum_{\varrho'=1}^{\infty} e^{-i\lambda_{\varrho'}(\tau-t_0)}\, P_{\varrho'}\, d\tau = \\ &= \sum_{\varrho=1}^{\infty} e^{-i\lambda_\varrho(t-t_0)}\, P_\varrho - i \sum_{\varrho,\varrho'=1}^{\infty} e^{-i\lambda_\varrho t + i\lambda_{\varrho'} t_0}\, P_\varrho\, V\, P_{\varrho'} \int_{t_0}^{t} e^{i\tau(\lambda_\varrho - \lambda_{\varrho'})}\, f(\tau)\, d\tau\,. \end{aligned}$$

Ist $[a, b] \subset [t_0, t]$, so ist das Integral eine Funktion von $\lambda_\varrho - \lambda_{\varrho'}$ allein, wir setzen es gleich $h(\lambda_\varrho - \lambda_{\varrho'})$. Es wird weiter

$$X_1(t, t_0) = \sum_{\varrho=1}^{\infty} e^{-i\lambda_\varrho(t-t_0)} \big(P_\varrho - i\, h(0)\, P_\varrho\, V\, P_\varrho\big) - i \sum_{\varrho \neq \varrho'} h(\lambda_\varrho - \lambda_{\varrho'})\, e^{-i\lambda_\varrho t + i\lambda_{\varrho'} t_0}\, P_\varrho\, V\, P_{\varrho'}\,.$$

Sei $\varphi \in P_\mu\, \mathfrak{H}$ und $\psi \in P_\nu\, \mathfrak{H}$. Dann erhalten wir

$$w_1 = (X_1(t, t_0)\, \varphi, \psi) = \begin{cases} e^{-i\lambda_\mu(t-t_0)} \big((\varphi, \psi) - i\, h(0)\, (V\varphi, \psi)\big)\,, & \text{falls } \mu = \nu\,, \\ - i\, h\, (\lambda_\nu - \lambda_\mu)\, e^{-i\lambda_\nu t + i\lambda_\mu t_0}\, (V\varphi, \psi)\,, & \text{falls } \mu \neq \nu\,. \end{cases}$$

Ist $w = (X(t, t_0)\, \varphi, \psi)$, so haben wir nach (24)

$$|w - w_1| \leqq \frac{1}{2}\, |t - t_0|^2\, (\sup |f(t)| \cdot \|V\|)^2 \cdot e^{|t-t_0| \sup |f(t)| \cdot \|V\|}\,.$$

Nehmen wir $\sup |f(t)| = 1$ und $\|V\|$ in der Größenordnung der ,,Feinstrukturkonstanten'' $\alpha = \frac{1}{137}$, als etwa $\|V\| = 10^{-2}$, so wird $|w - w_1| \leqq \frac{1}{2}\; 10^{-4} \cdot |t - t_0|^2 \exp(|t - t_0| \cdot 10^{-2})$.

Nehmen wir $|t - t_0| \leqq 1$, so wird $|w - w_1| < 10^{-4}$. Übrigens ist hier $|w_1|$ von t und t_0 unabhängig. Allgemein kann man sagen: Ist $|t - t_0| \cdot \|V\|$ in der Größenordnung von 1, so gilt $|w - w_n| < \frac{e}{(n+1)!}$.

4. Literatur

[1] Heyn, E., Die Differentialgleichung $dT/dt = P(t)\, T$ für Operatorfunktionen. Math. Nachr. **24**, H. 5 (1962) 282–330.

[2] Schweber, S. S., Bethe, H. A., und de Hoffmann, F., Mesons and Fields, Vol. I. Evanston, Illinois 1955.

[3] Dunford, N., und Schwartz, J. T., Linear Operators, Part I. New York 1958.

[4] Hille, E., und Phillips, R. S., Functional Analysis and Semi-Groups. Providence, R. I, 1957.

MATHEMATISCHE LEHRBÜCHER UND MONOGRAPHIEN

I. Abteilung, Band VI

I. P. NATANSON

Theorie der Funktionen einer reellen Veränderlichen

Übersetzung aus dem Russischen

Zweite, ergänzte und überarbeitete Auflage von Prof. Dr. Karl Bögel

1961. XII, 590 Seiten — 9 Abbildungen — 18 Tafeln — gr. 8° — Ganzleinen 39,— DM

Das Lehrbuch gibt einen lückenlosen Aufbau der Theorie der Lebesgueschen Integrale nebst Anwendungen (Theorie der Hilbert-Räume, singuläre Integrale, Grundbegriffe der Funktionalanalysis) und geht von Kenntnissen der gewöhnlichen Differential- und Integralrechnung aus.

Aus Fachurteilen:

Das vorliegende, sehr flüssig geschriebene und auch äußerlich recht ansprechende Lehrbuch wendet sich an mittlere Semester, die bereits den in den Anfängervorlesungen üblieherweise gebotenen Stoff der Differential- und Integralrechnung beherrschen. Dem Titel entsprechend behandelt es vorzugsweise die Theorie der reellen Funktionen einer reellen Variablen und dabei vor allem die Integrationstheorie, wobei sowohl das Lebesguesche Maß als auch das Lebesguesche Integral nach der klassischen ... Weise eingeführt werden. Zur Vereinfachung wird das Integrationsgebiet weitgehend als beschränkt angenommen; erst am Schluß des Werkes werden unbeschränkte Gebiete zugelassen. Das gebotene Material ist außerordentlich reichhaltig bei sorgfältiger Gliederung und wird durch zahlreiche Übungsaufgaben ergänzt ... Das überall korrekt geschriebene und trotzdem nirgends ermüdende Werk kann gern allen denen empfohlen werden, die über den Stoff der üblichen Anfängervorlesungen hinaus tiefer in einige interessante Teilgebiete der reellen Analysis eindringen wollen. Biometrische Zeitschrift

Das Buch hat durch die vorliegende zweite Auflage weiter gewonnen und dürfte gegenwärtig das beste Lehrbuch über die Theorie der reellen Funktionen in deutscher Sprache sein...
Das Buch hat durch die vorliegende zweite Auflage weiter gewonnen und dürfte gegenwärtig das beste Lehrbuch über die Theorie der reellen Funktionen in deutscher Sprache sein ...

Zentralblatt für Mathematik und ihre Grenzgebiete

Bestellungen durch eine Buchhandlung erbeten

THEORIA CUM PRAXI

AKADEMIE-VERLAG · BERLIN

FSC
www.fsc.org
MIX
Papier | Fördert gute Waldnutzung
FSC® C083411

Zeitfracht Medien GmbH
Ferdinand-Jühlke-Straße 7
99095 Erfurt, Deutschland
produktsicherheit@kolibri360.de